Directeur de publications : Claude Cavelier

Dépôt légal : décembre 1987
Imprimé en France
Loi n° 49956 du 16 juillet 1949 sur les publications destinées à la jeunesse

LES OBSERVATEURS DE LA TERRE
LA GRANDE AVENTURE DES YALLIENS

sur une idée originale de
Jérôme GOYALLON

La Planète Protégée

Texte et mise en scène
Jérôme GOYALLON
Géologue au Bureau de Recherches Géologiques et Minières

avec la collaboration de
Michel JEBRAK
Professeur à l'Université du Québec, Montréal

et
André E. PROST
Maître de conférence à l'Université d'Orléans

Dessin
J. Paul VOMORIN

Volume 2 - **LE PROTÉROZOÏQUE**

ÉDITIONS DU B.R.G.M.
avenue de Concyr
45060 ORLÉANS Cedex 2

TOTAL

TOTAL-ÉDITION PRESSE
5, rue Michel-Ange
75016 PARIS

LE PROTÉROZOÏQUE

ÉCHELLE DES TEMPS GÉOLOGIQUES EN MILLIONS D'ANNÉES (Ma)

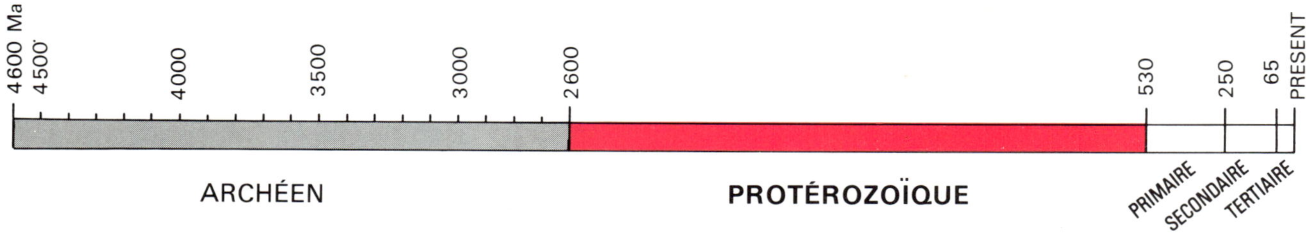

A paraître
Volume 3 - **L'ÈRE PRIMAIRE**

IL Y A 7 MILLIARDS D'ANNÉES, UN SYSTÈME PLANÉTAIRE ARRIVAIT AU TERME DE SON EXISTENCE : SON SOLEIL **LUXALL** AGONISANT RENDAIT TOUTE VIE IMPOSSIBLE SUR LA PLANÈTE YALL...

AUSSI, UN GIGANTESQUE VAISSEAU DE L'ESPACE " **L'ARCHE DU COSMOS** " (A.D.C.) FUIT LA PLANÈTE MORIBONDE...

À SON BORD, 676 YALLIENS ET 2 BAKOUS (LEURS TURBULENTES ET TRUCULENTES MASCOTTES) PARTENT EXPLORER LE COSMOS POUR Y TROUVER UN NOUVEL ASILE...

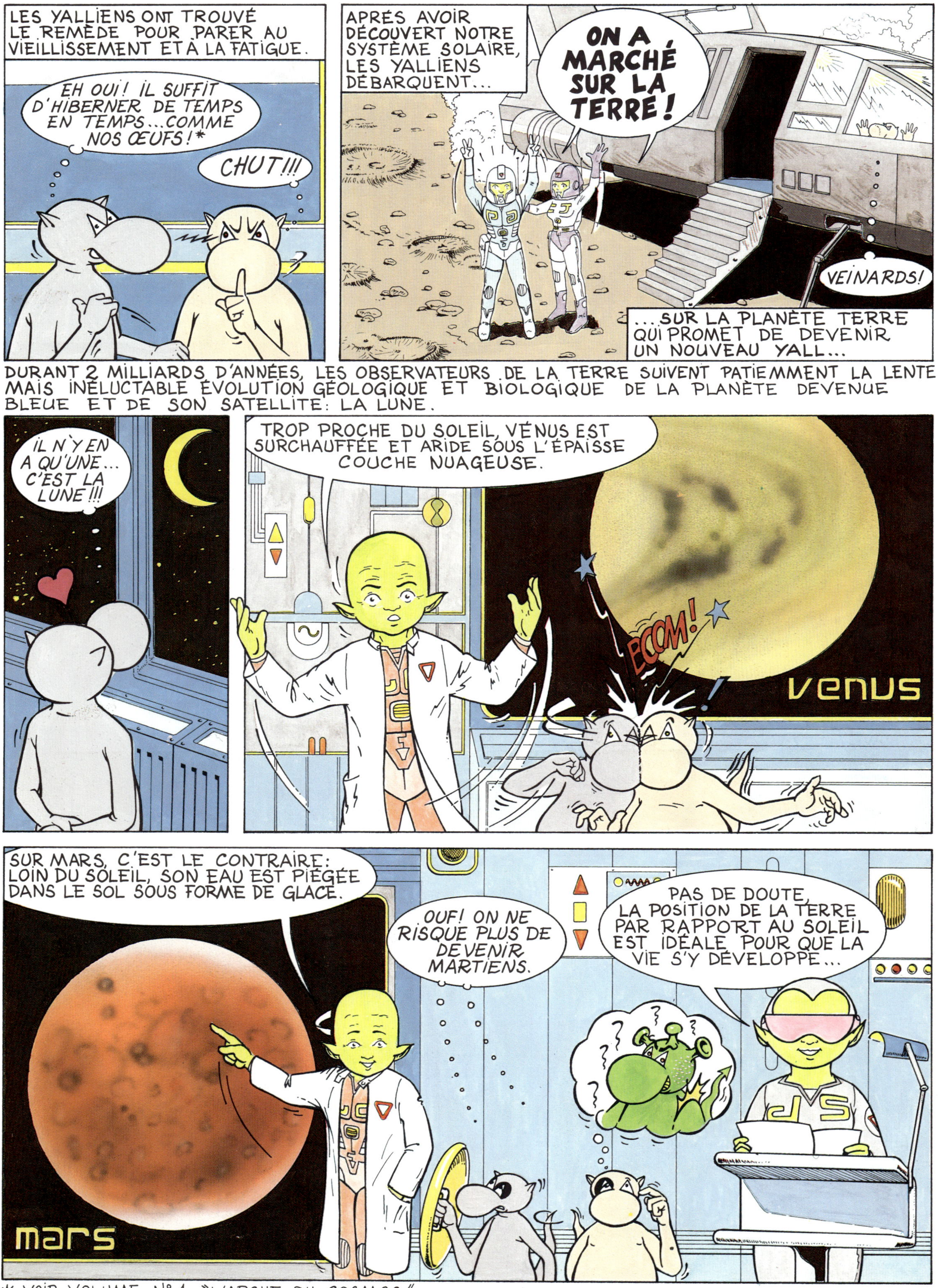

* VOIR VOLUME N° 1 : "L'ARCHE DU COSMOS".

IL Y A 2,5 MILLIARDS D'ANNÉES, LES PIONNIERS DE L'EXPLORATION TERRESTRE REPRENNENT LE CHEMIN DE...

LA PLANÈTE PROTÉGÉE

LA NAVETTE Y-02 FONCE VERS DES CONTINENTS EN GRANDE PARTIE IMMERGÉS.

FICHTRE! MOI QUI CROYAIS QUE LES CONTINENTS C'ÉTAIT SEULEMENT CE QUI SORTAIT DE L'EAU!
MAIS NON! IL YA AUSSI LA MARGE QUI LES CERNE.
CLAP
DONC, IL YA DES MERS SUR LA CROÛTE CONTINENTALE.
GRAT GRAT
GAGNÉ, GROS MALIN! CE SONT LES MERS ÉPICONTINENTALES.
NOUS ALLONS PLONGER DANS CES MERS. S'IL YA DE LA VIE, C'EST LÀ QU'ELLE SE CACHE.
PAS DE DOUTE, L'EAU EST CALME ET PAS TROP PROFONDE.
ON VA SE POSER SUR LE FOND.
MAGNIFIQUE! LA MER EST DEVENUE LIMPIDE!
C'EST LE MOMENT DE TESTER NOS MASQUES À VISION MICROSCOPIQUE...
INDISPENSABLE, MON CHER P.A! LES INDICES DE VIE RISQUENT D'ÊTRE DISCRETS.
MAZETTE! ON A L'AIR MALIN!
ON VA NOUS PRENDRE POUR DES JUMELLES!
PEU APRÈS...
ON NE SE SENT PLUS SEUL, LE NOMBRE DES CELLULES A CONSIDÉRABLEMENT AUGMENTÉ.
EN EFFET, À CETTE ÉPOQUE L'OCÉAN EST PEUPLÉ D'ORGANISMES UNICELLULAIRES SANS NOYAU: LES PROCARYOTES*.
* DU GREC : "AVANT LE NOYAU".
SAPERLIPOPETTE! QUELS CANNIBALES, ILS SE DÉVORENT ENTRE EUX...
EH OUI! LA LUTTE POUR LA VIE A COMMENCÉ.

SANS RELÂCHE, LES EXPLORATEURS VISITENT LES MERS OÙ LA VIE S'EST INSTALLÉE.
BIGRE! MES PETITS YEUX FATIGUENT À LORGNER LE MICROBE*!
* LES PROCARYOTES: < 20 MICROMÈTRES.
MÊME MORTES, CES CELLULES LAISSENT DES TRACES*!
* STROMATOLITES (VOL. 1-P. 41)
IL Y A 2,4 MILLIARDS D'ANNÉES, EN SORTANT DE L'EAU, UN BAKOU S'APPRÊTE À FAIRE UNE ÉTRANGE DÉCOUVERTE!...
FI! LA ROCHE GLUANTE GLISSE!
ZZOUiiiiT
ALORS, ON NE TIENT PLUS SUR SES PATTES À FORCE DE PATAUGER?
C'EST MALIN!
MAIS NON! REGARDE, IL A GLISSÉ SUR CETTE "CHOSE."
ON DIRAIT DE LA MOUSSE?
AVEC LES LUNETTES, CELA RESSEMBLE PLUTÔT À DES PETITS CHAMPIGNONS. ÉTONNANT!!!
1 MM
C'EST PROBABLEMENT UNE FORME DE VÉGÉTATION PRIMITIVE QUI SE DÉVELOPPE AU RAS DE L'EAU.
C'EST CE QU'ON APPELLE UNE CHUTE UTILE.
PEUT-ÊTRE QUE PAR ENDROITS CE "LICHEN" POUSSE LOIN DU RIVAGE?

JUSTEMENT, IL EST TEMPS D'EXPLORER LES CONTINENTS ÉMERGÉS. ALLONS RÉCUPÉRER LA NAVETTE
MORBLEU! DIRE QU'IL FAUT REPLONGER POUR SORTIR DE L'EAU.
SURPRENANT !? TOUT L'OXYGÈNE PRODUIT PAR LA PHOTOSYNTHÈSE* N'ENRICHIT QUE TRÈS PEU L'ATMOSPHÈRE ?
PATIENCE! ON FINIRA BIEN PAR COMPRENDRE CE MYSTÈRE...
EN TOUT CAS, MOI, JE DÉTENDS L'ATMO-SPHÈRE.
PLUS TARD, EN ALTITUDE...
FANTASTIQUE !!! REGARDEZ CES COUCHES... CE SONT DES SÉDIMENTS QUI S'ÉTAIENT DÉPOSÉS AU FOND DE LA MER...
ET NOUS, ON NOUS DÉPOSE?
NOUS Y VOILÀ! TU TE RENDS COMPTE, ENTRE LA CROÛTE CRISTALLINE ET NOS PIEDS, CES ROCHES SÉDIMENTAIRES SE SONT EMPILÉES SUR PLUSIEURS KILOMÈTRES D'ÉPAISSEUR.
EH OUI! COMME LE TEMPS PASSE! DIRE QUE NOUS AVONS CONNU CETTE TERRE TOUTE JEUNE.
ILS VONT NOUS FAIRE PLEURER, SI ÇA CONTINUE!
DU BAS DE CES FALAISES, QUATRE CENT MILLE SIÈCLES DE DÉPÔTS NOUS CONTEMPLENT.
POUR QUI TE PRENDS-TU?

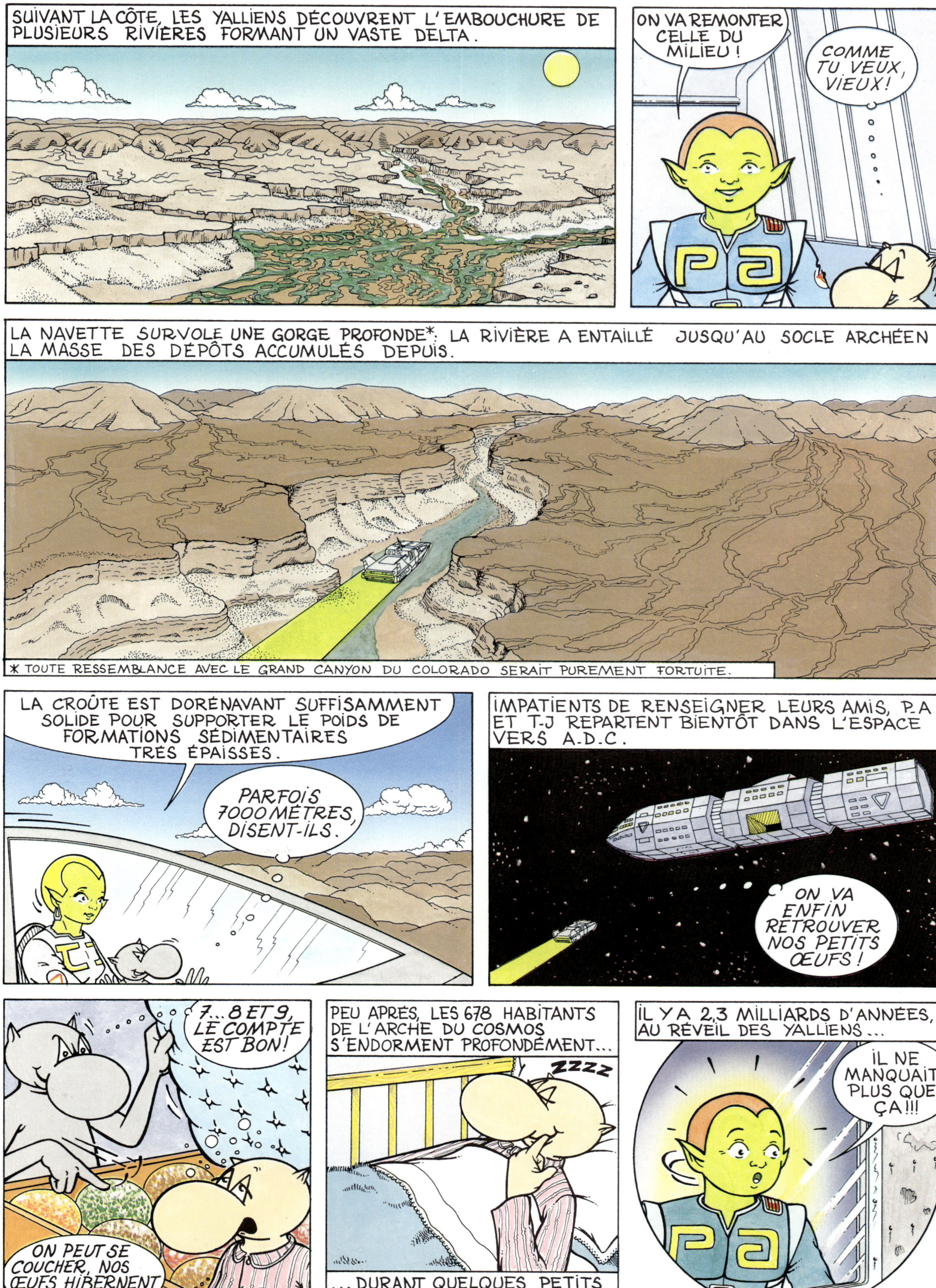
SUIVANT LA CÔTE, LES YALLIENS DÉCOUVRENT L'EMBOUCHURE DE PLUSIEURS RIVIÈRES FORMANT UN VASTE DELTA.
ON VA REMONTER CELLE DU MILIEU !
COMME TU VEUX, VIEUX !
LA NAVETTE SURVOLE UNE GORGE PROFONDE*: LA RIVIÈRE A ENTAILLÉ JUSQU'AU SOCLE ARCHÉEN LA MASSE DES DÉPÔTS ACCUMULÉS DEPUIS.
* TOUTE RESSEMBLANCE AVEC LE GRAND CANYON DU COLORADO SERAIT PUREMENT FORTUITE.
LA CROÛTE EST DORÉNAVANT SUFFISAMMENT SOLIDE POUR SUPPORTER LE POIDS DE FORMATIONS SÉDIMENTAIRES TRÈS ÉPAISSES.
PARFOIS 7000 MÈTRES, DISENT-ILS.
IMPATIENTS DE RENSEIGNER LEURS AMIS, P.A ET T-J REPARTENT BIENTÔT DANS L'ESPACE VERS A.D.C.
ON VA ENFIN RETROUVER NOS PETITS ŒUFS !
7... 8 ET 9, LE COMPTE EST BON!
ON PEUT SE COUCHER, NOS ŒUFS HIBERNENT AUSSI !
PEU APRÈS, LES 678 HABITANTS DE L'ARCHE DU COSMOS S'ENDORMENT PROFONDÉMENT...
ZZZZ
...DURANT QUELQUES PETITS MILLÉNAIRES...
IL Y A 2,3 MILLIARDS D'ANNÉES, AU RÉVEIL DES YALLIENS...
IL NE MANQUAIT PLUS QUE ÇA!!!

MALGRÉ LES NUAGES, ON DISTINGUE DEUX TACHES BLANCHES AUX PÔLES DE LA TERRE.
C'EST DE LA GLACE COMME SUR LA PLANÈTE MARS, ALLONS VOIR !...
INUTILE DE DESCENDRE MAINTENANT ! NOUS SOMMES BIEN PLACÉS POUR SUIVRE L'ÉVOLUTION DE CE PHÉNOMÈNE.
QUELLE HARDIESSE, CETTE D-S !
COMME LE MONTRENT NETTEMENT LES ÉCRANS, LA GLACIATION S'INTENSIFIE EN QUELQUES DIZAINES DE MILLIERS D'ANNÉES SEULEMENT...
J'AI BIEN PEUR QUE LA TERRE DISPARAISSE DÉFINITIVEMENT SOUS LA GLACE !
EN TOUT CAS, LE NIVEAU DES OCÉANS A BAISSÉ !
IL FAUT ALLER VOIR SUR PLACE SI LES ORGANISMES RÉSISTENT, SINON C'EN EST FINI DE LA VIE TERRESTRE...
QUI EST VOLONTAIRE ?
MOI JE RESTE !... POUR SURVEILLER NOS NEUF ŒUFS.
CLAC !

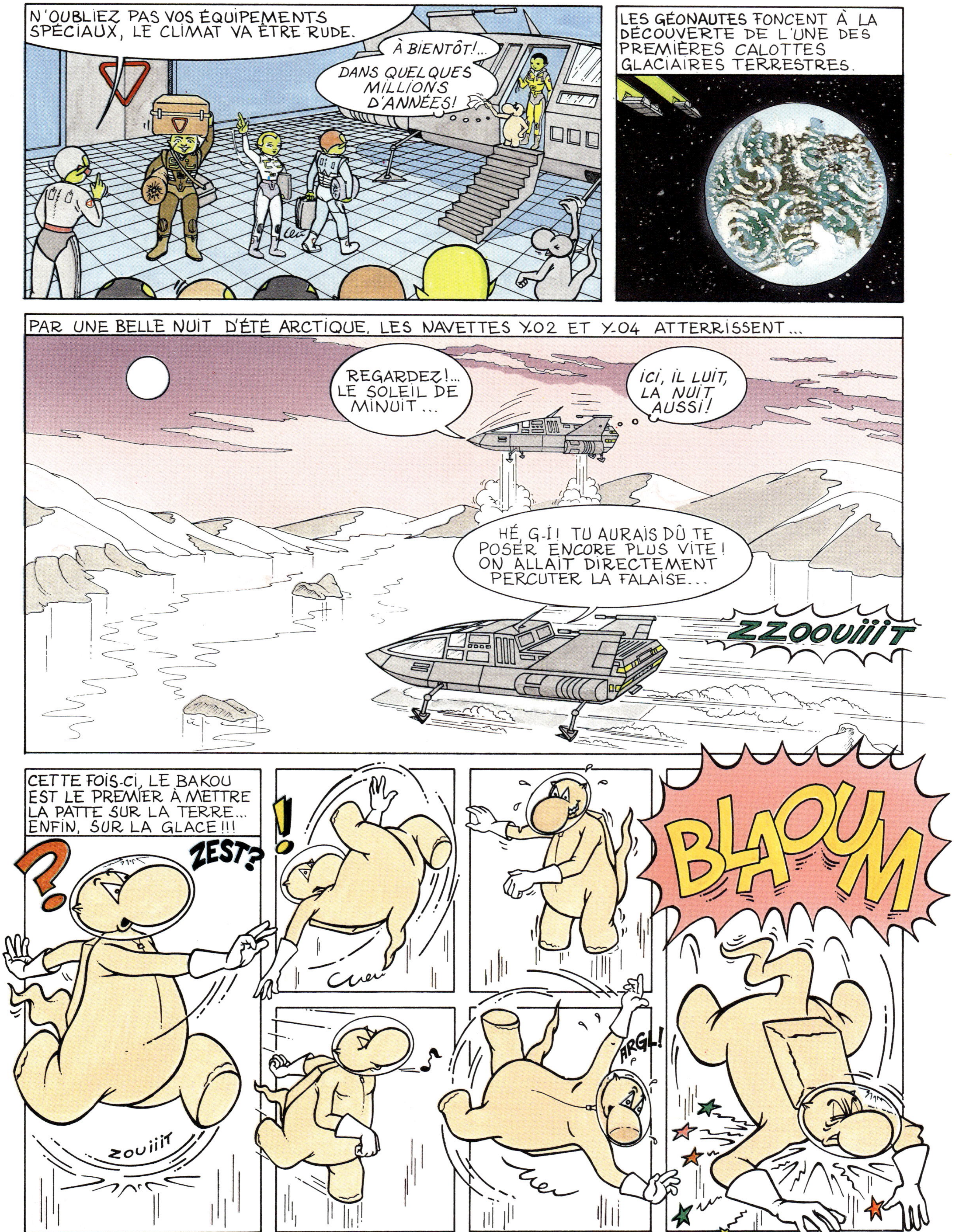

N'OUBLIEZ PAS VOS ÉQUIPEMENTS SPÉCIAUX, LE CLIMAT VA ÊTRE RUDE.
À BIENTÔT!...
DANS QUELQUES MILLIONS D'ANNÉES!
LES GÉONAUTES FONCENT À LA DÉCOUVERTE DE L'UNE DES PREMIÈRES CALOTTES GLACIAIRES TERRESTRES.
PAR UNE BELLE NUIT D'ÉTÉ ARCTIQUE, LES NAVETTES Y-02 ET Y-04 ATTERRISSENT...
REGARDEZ!... LE SOLEIL DE MINUIT...
ICI, IL LUIT, LA NUIT AUSSI!
HÉ, G-I! TU AURAIS DÛ TE POSER ENCORE PLUS VITE! ON ALLAIT DIRECTEMENT PERCUTER LA FALAISE...
ZZOOUIIIT
CETTE FOIS-CI, LE BAKOU EST LE PREMIER À METTRE LA PATTE SUR LA TERRE... ENFIN, SUR LA GLACE!!!
ZEST?
ZOUIIIT
ARGL!
BLAOUM

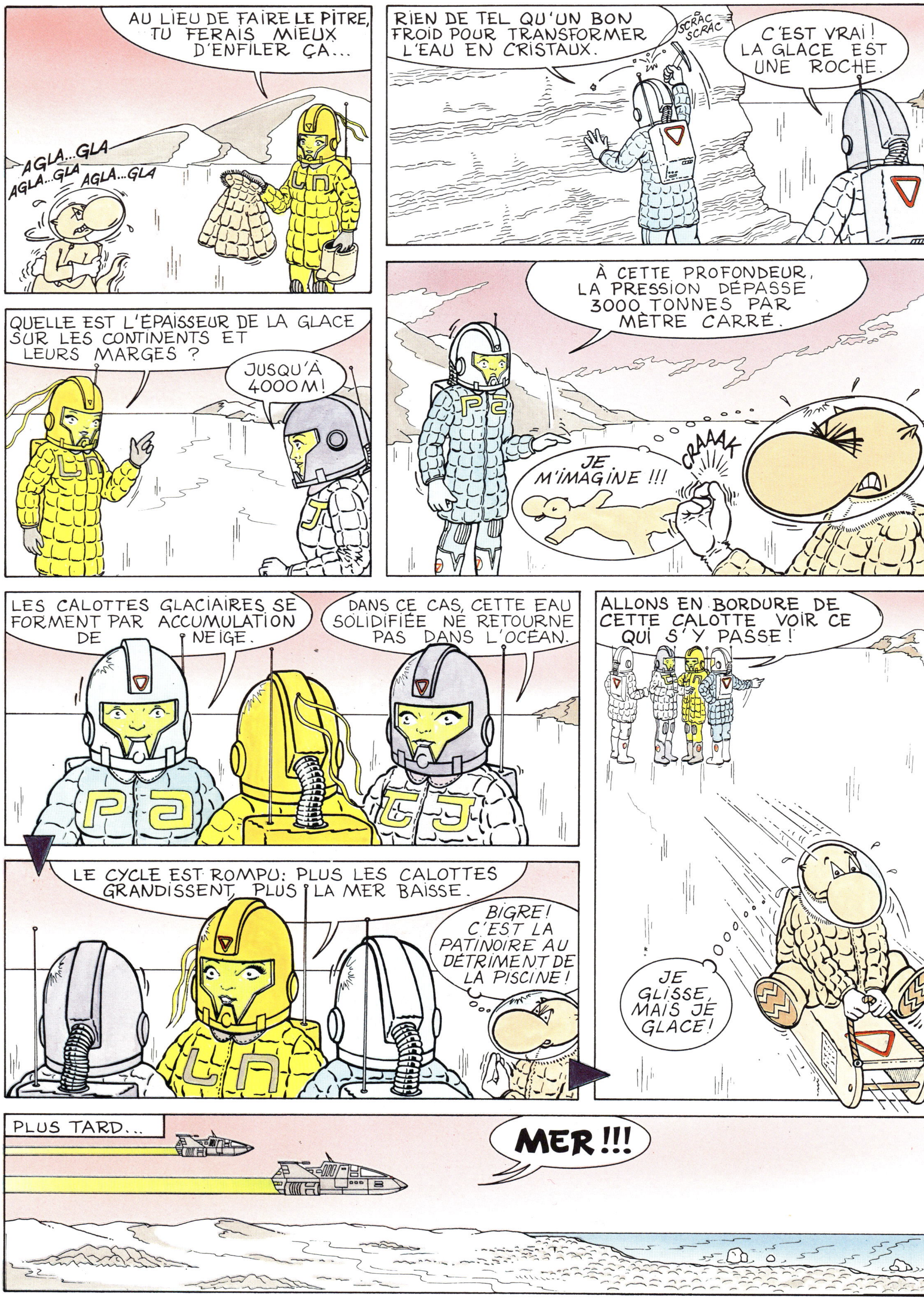
AU LIEU DE FAIRE LE PITRE, TU FERAIS MIEUX D'ENFILER ÇA...
AGLA...GLA
AGLA...GLA
AGLA...GLA
RIEN DE TEL QU'UN BON FROID POUR TRANSFORMER L'EAU EN CRISTAUX.
SCRAC SCRAC
C'EST VRAI! LA GLACE EST UNE ROCHE.
QUELLE EST L'ÉPAISSEUR DE LA GLACE SUR LES CONTINENTS ET LEURS MARGES ?
JUSQU'À 4000 M!
À CETTE PROFONDEUR, LA PRESSION DÉPASSE 3000 TONNES PAR MÈTRE CARRÉ.
CRAAAK
JE M'IMAGINE !!!
LES CALOTTES GLACIAIRES SE FORMENT PAR ACCUMULATION DE NEIGE.
DANS CE CAS, CETTE EAU SOLIDIFIÉE NE RETOURNE PAS DANS L'OCÉAN.
LE CYCLE EST ROMPU: PLUS LES CALOTTES GRANDISSENT, PLUS LA MER BAISSE.
BIGRE! C'EST LA PATINOIRE AU DÉTRIMENT DE LA PISCINE!
ALLONS EN BORDURE DE CETTE CALOTTE VOIR CE QUI S'Y PASSE!
JE GLISSE, MAIS JE GLACE!
PLUS TARD...
MER !!!

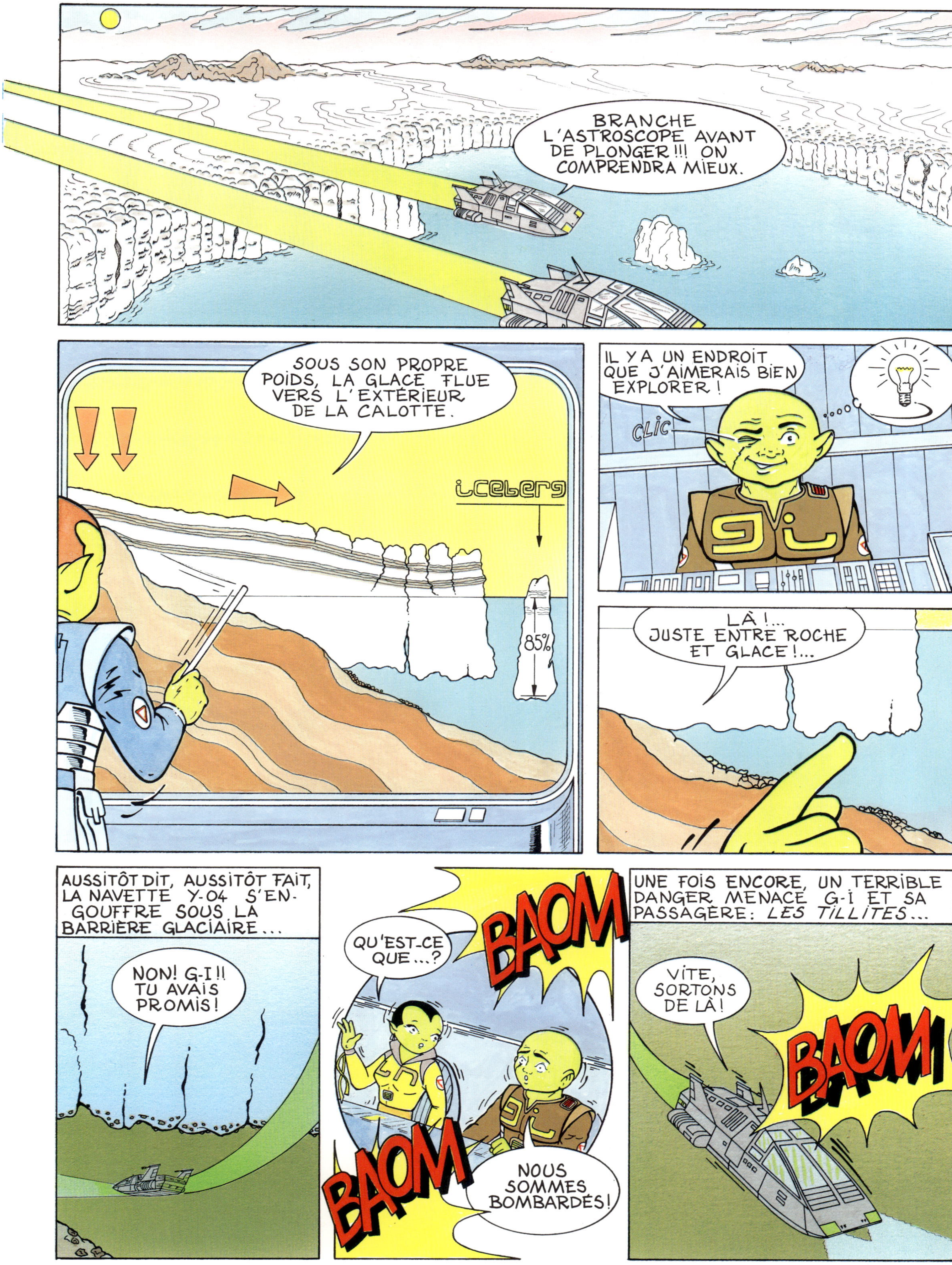
BRANCHE L'ASTROSCOPE AVANT DE PLONGER !!! ON COMPRENDRA MIEUX.
SOUS SON PROPRE POIDS, LA GLACE FLUE VERS L'EXTÉRIEUR DE LA CALOTTE.
iceberg
85%
IL Y A UN ENDROIT QUE J'AIMERAIS BIEN EXPLORER !
CLIC
LÀ !... JUSTE ENTRE ROCHE ET GLACE !...
AUSSITÔT DIT, AUSSITÔT FAIT, LA NAVETTE Y-04 S'EN-GOUFFRE SOUS LA BARRIÈRE GLACIAIRE...
NON! G-I !! TU AVAIS PROMIS !
BAOM
QU'EST-CE QUE...?
BAOM
NOUS SOMMES BOMBARDÉS !
UNE FOIS ENCORE, UN TERRIBLE DANGER MENACE G-I ET SA PASSAGÈRE: *LES TILLITES*...
VITE, SORTONS DE LÀ !
BAOM

EN FONDANT, LA GLACE LIBÈRE DES BLOCS ROCHEUX INCRUSTÉS À SA BASE.
!
CES ROCHES SONT DÉMANTELÉES PAR LE GEL, EMPORTÉES, USÉES, STRIÉES ET DÉPOSÉES PAR LE GLACIER; LEUR ACCUMULATION S'APPELLE DES TILLITES.
L-N! TU NE LEUR DIS RIEN!
COMMENT VAS-TU EXPLIQUER LES BOSSES SUR LA CARLINGUE?
LE FROID A FAIT DES RAVAGES! IL N'YA PLUS QUE DES CELLULES FOSSILES!!!
À SON AVIS, LA VIE VA MAL!
J'AI BIEN PEUR QUE LES ALGUES BLEUES SOIENT VICTIMES DE LEUR PROPRE EXPANSION!!!
LA PHOTOSYNTHÈSE?
?
OUI! PENSE QUE POUR FABRIQUER L'OXYGÈNE ELLES CONSOMMENT UNE GRANDE PARTIE DU GAZ CARBONIQUE DE L'ATMOSPHÈRE ET...
JE VOIS! L'EFFET DE SERRE QUI MAINTIENT LA TERRE À BONNE TEMPÉRATURE NE FONCTIONNE PLUS.
PLUS TARD...
EH! RIEN N'EST PERDU! REGARDEZ!
À MON AVIS, LA VIE VA...
UN MANTEAU VIVANT D'ALGUES BLEUES TAPISSE LE FOND MARIN...

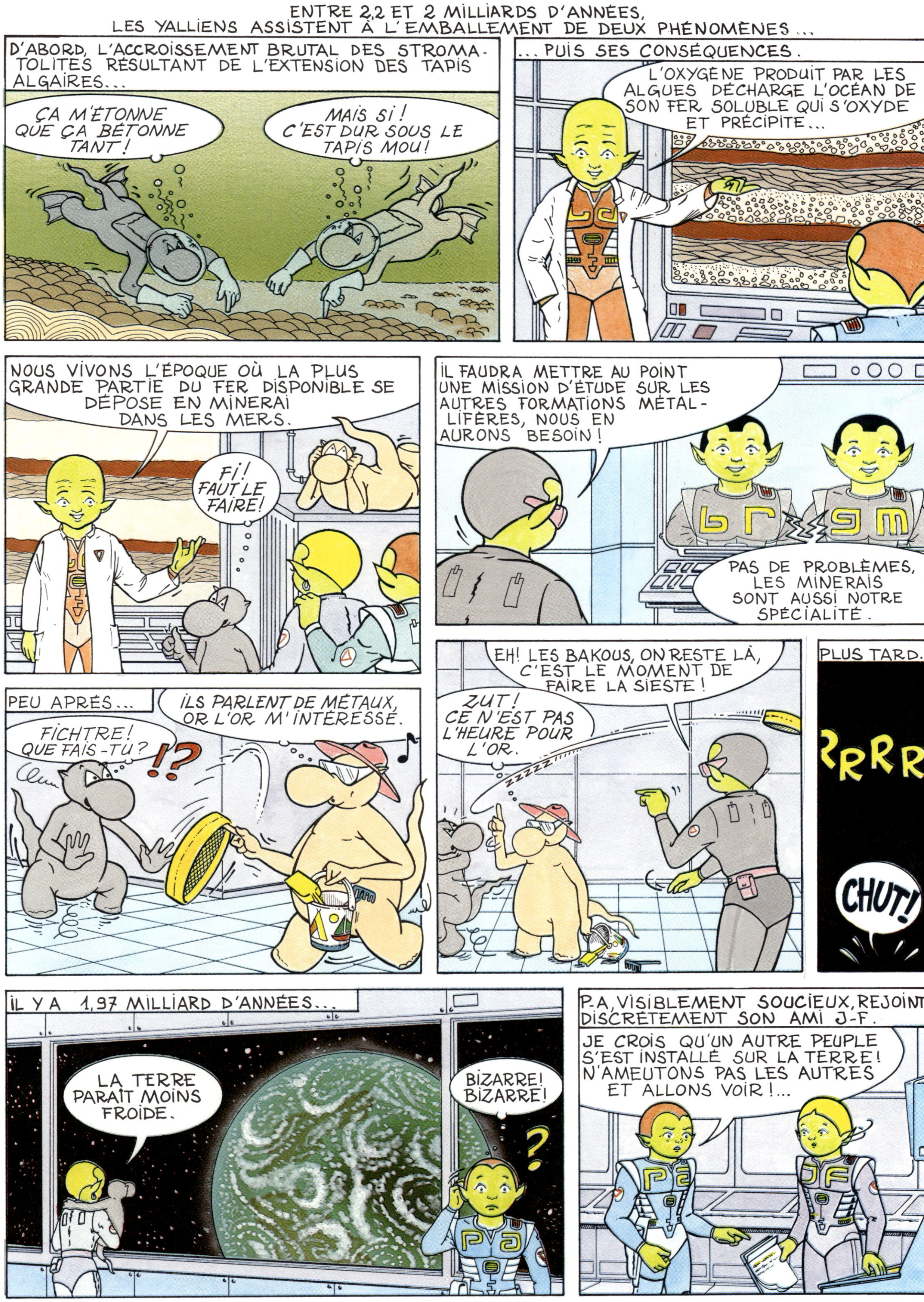
ENTRE 2,2 ET 2 MILLIARDS D'ANNÉES, LES YALLIENS ASSISTENT À L'EMBALLEMENT DE DEUX PHÉNOMÈNES...
D'ABORD, L'ACCROISSEMENT BRUTAL DES STROMATOLITES RÉSULTANT DE L'EXTENSION DES TAPIS ALGAIRES...
ÇA M'ÉTONNE QUE ÇA BÉTONNE TANT !
MAIS SI ! C'EST DUR SOUS LE TAPIS MOU !
... PUIS SES CONSÉQUENCES.
L'OXYGÈNE PRODUIT PAR LES ALGUES DÉCHARGE L'OCÉAN DE SON FER SOLUBLE QUI S'OXYDE ET PRÉCIPITE...
NOUS VIVONS L'ÉPOQUE OÙ LA PLUS GRANDE PARTIE DU FER DISPONIBLE SE DÉPOSE EN MINERAI DANS LES MERS.
FI! FAUT LE FAIRE!
IL FAUDRA METTRE AU POINT UNE MISSION D'ÉTUDE SUR LES AUTRES FORMATIONS MÉTALLIFÈRES, NOUS EN AURONS BESOIN !
PAS DE PROBLÈMES, LES MINERAIS SONT AUSSI NOTRE SPÉCIALITÉ.
PEU APRÈS...
ILS PARLENT DE MÉTAUX, OR L'OR M'INTÉRESSE.
FICHTRE! QUE FAIS-TU ?
!?
EH! LES BAKOUS, ON RESTE LÀ, C'EST LE MOMENT DE FAIRE LA SIESTE !
ZUT ! CE N'EST PAS L'HEURE POUR L'OR.
ZZZZZ
PLUS TARD.
RRRR
CHUT!
IL Y A 1,97 MILLIARD D'ANNÉES...
LA TERRE PARAÎT MOINS FROIDE.
BIZARRE! BIZARRE!
?
P.A, VISIBLEMENT SOUCIEUX, REJOINT DISCRÈTEMENT SON AMI J-F.
JE CROIS QU'UN AUTRE PEUPLE S'EST INSTALLÉ SUR LA TERRE ! N'AMEUTONS PAS LES AUTRES ET ALLONS VOIR !...

COMMENT PEUX-TU ?
J'AI DÉTECTÉ UNE CENTRALE ATOMIQUE EN ACTIVITÉ !
ON VA NÉGOCIER AVEC CE PEUPLE POUR QU'IL NOUS APPROVISIONNE EN COMBUSTIBLE.
POURVU QU'IL SOIT PACIFIQUE !
DES TERRIENS, QUELLE TÊTE ÇA PEUT AVOIR À TON AVIS ?
LE MONDE
EN TOUT CAS, L'ATMOSPHÈRE EST PLUS RICHE EN OXYGÈNE !
NORMAL ! LE FER OXYDÉ DES OCÉANS NE PEUT PLUS L'ACCAPARER ET POURTANT LA PHOTOSYNTHÈSE BAT SON PLEIN.
AU LIEU DE PALABRER, ILS FERAIENT BIEN DE SE MÉFIER !
LA PREUVE ! REGARDE ! LE FER S'OXYDE MAINTENANT HORS DE L'EAU.
DES COUCHES ROUGES ! QUI L'EÛT CRU ? DU BLEU, ELLES ONT VIRÉ AU ROUGE ! ÇA ROUILLE !!!
SI SEULEMENT ON POUVAIT RESPIRER SANS SCAPHANDRE !
MALHEUREUSEMENT, CET OXYGÈNE NE REPRÉSENTE ENCORE QUE 1% DE L'ATMOSPHÈRE.
KOF KOF
LE MONDE
* AUJOURD'HUI 20%
DE PLUS, POUR QUE L'OZONE * SE FORME ET FILTRE LES RAYONS SOLAIRES, IL EN FAUT BIEN DAVANTAGE.
SANS OZONE, ON BRONZE À L'AISE !
* OXYGÈNE PROTECTEUR CONSTITUÉ DE TROIS ATOMES (O_3) AU LIEU DE DEUX.
LA NAVETTE Y-02 APPROCHE ENFIN DE SON ÉNIGMATIQUE OBJECTIF*.
VOICI LA CENTRALE !
EXACT ! LE TAUX DE RADIOACTIVITÉ AUGMENTE.
* SITUÉ AUJOURD'HUI À OKLO, AU GABON, EN AFRIQUE.

RESTONS BIEN EN VUE POUR MONTRER NOS BONNES INTENTIONS.
MAZETTE! TOUT À L'HEURE ON VA SE FAIRE DÉCOUPER EN RONDELLES PAR UN LASER!
PLUTÔT DISCRET, TON PEUPLE!
TU AS RAISON, C'EST UN VRAI DÉSERT, VOYONS LE LITHOSCOPE.
INCROYABLE! IL N'YA PERSONNE, C'EST UN RÉACTEUR NUCLÉAIRE NATUREL!
OUF! JE PRÉFÈRE ÇA!
FLÛTE! ON CROYAIT SE FAIRE DES COPAINS.
ON VA POUVOIR SE SERVIR EN COMBUSTIBLE POUR PAS CHER.
TU AS RAISON! J'APPELLE A-D-C.
PEU APRÈS, POUR LA PREMIÈRE FOIS, L'ARCHE DU COSMOS SE POSE SUR LA PLANÈTE TERRE.
NOS ŒUFS SONT ARRIVÉS!
UN CONCOURS DE CIRCONSTANCES EXCEPTIONNELLES A PERMIS CE PHÉNOMÈNE QUI COMMENÇA VOICI 150 MILLIONS D'ANNÉES.
ÇA FAISAIT LONGTEMPS!
"LE LESSIVAGE ET L'ÉROSION DES GRANITES FAVORISENT LE TRANSPORT ET LE TRI DES DIFFÉRENTS ÉLÉMENTS QU'ILS CONTIENNENT, DONT L'URANIUM."
"CE MINERAI S'ACCUMULE ENSUITE AVEC LES DÉPÔTS D'UN DELTA: SABLES, GRAVIERS, ORGANISMES MARINS."
"LE TEMPS PASSE, LES COUCHES SONT ENFOUIES SOUS PLUS DE 3500 m DE SÉDIMENTS."
Uranium
MER

PUIS SOUS L'EFFET DE LA PRESSION ET DE LA CHALEUR CES FORMATIONS MEUBLES SE TRANSFORMENT EN ROCHES COMPACTES.
COMME LE SUCRE EN POUDRE QUI DEVIENT UN GROS CARAMEL DUR.
DES MILLIONS D'ANNÉES PLUS TARD, LES MOUVEMENTS DE LA CROÛTE TERRESTRE ENTRAÎNENT CETTE ROCHE VERS LA SURFACE...
CRAC
ELLE DOIT SE FRACTURER?
?!
EXACTEMENT! ET LA CIRCULATION DANS SES FRACTURES PIÈGE L'URANIUM EN GRANDE QUANTITÉ * TOUT EN LE MÉLANGEANT AUX ORGANISMES MARINS FOSSILES DEVENUS, EH! OUI... DU PÉTROLE.
ZZZZ ZZZ
TOTAL: LE COCKTAIL EST DÉTONANT!
BOUM
* JUSQU'À 15 %.
"LA MATIÈRE ORGANIQUE PROVOQUE UNE RÉACTION CHIMIQUE DE L'URANIUM QUI AMORCE À SON TOUR UN PHÉNOMÈNE PHYSIQUE: UNE RÉACTION EN CHAÎNE; LE CŒUR DU RÉACTEUR S'ÉCHAUFFE À 300° C."
NEUTRON
ATOME D'URANIUM 235
COLLISION
EXCITATION
FISSION
FRAGMENTATION
ETC...
LÀ ENCORE L'EAU INTERVIENT EN REFROIDISSANT ET RÉGULARISANT CETTE PILE ATOMIQUE...
PENDANT CE DISCOURS, UNE ÉQUIPE DE SPÉCIALISTES EMMAGASINE LE PRÉCIEUX COMBUSTIBLE.
C'EST BON! ON SE RETROUVE DANS LE SAS DE DÉCONTAMINATION.
adC sécurité
PEU APRÈS, LE LOURD VAISSEAU REJOINT SA POSITION GÉOSTATIONNAIRE À 35800 KM D'ALTITUDE...
CE N'EST QU'UN AU REVOIR LA TERRE
APRÈS DES CENTAINES DE MILLIERS D'ANNÉES DE FONCTIONNEMENT, LE RÉACTEUR NATUREL D'OKLO S'ÉTEINT POUR TOUJOURS...
... FAUTE DE COMBUSTIBLE.

DE RETOUR EN AFRIQUE, IL YA 1,95 MILLIARD D'ANNÉES, P-A ET T-J OBSERVENT LA FORMATION D'UNE MONTAGNE : LA CHAÎNE ÉBURNÉENNE.
ÇA ALORS! LE TEMPS D'UNE PETITE SIESTE ET HOP!... UNE MONTAGNE APPARAÎT!
DIRE QU'IL YAVAIT UNE MER À CET ENDROIT!
ENFILEZ VOS SCAPHANDRES, LES BAKOUS! ON VA SE POSER.
PEU APRÈS...
TU TE RENDS COMPTE ? CE SONT DES SÉDIMENTS MARINS, 4000 m AU-DESSUS DU NIVEAU DE LA MER !
ILS NE SONT PAS VENUS TOUT SEULS ! LES COUCHES SONT COMPLÈTEMENT TORDUES ET FRACTURÉES.
FI! QUELLE FAILLE!
ILS SONT FOUS, CES YALLIENS !
C'EST BIEN LA PREUVE QUE L'ÉCORCE TERRESTRE BOUGE...
ON DIRAIT QUE DEUX CONTINENTS SE SONT TÉLESCOPÉS !
...ET LE BASSIN MARIN QUI SE TROUVAIT ENTRE LES DEUX A ÉTÉ SOULEVÉ PAR LA COLLISION.
TU PARLES D'UNE CICATRICE!
OÙ EST L'AUTRE BAKOU ?.. JE CROYAIS QU'IL SUIVAIT.
ET HOP!
?

LE BAKOU GRIS N'EST PAS TRES LOIN, IL IMAGINE À SA FAÇON COMMENT SE DÉFORMENT LES ROCHES...
SYNCLINAL
ANTICLINAL
PLI DÉVERSÉ
¡¡¡AAARRR!
PLI COUCHÉ
HAN!
HÉÉÉÉ
PLI FAILLE
FAILLE VERTICALE
FAILLE DE DÉCROCHEMENT
FAILLE OBLIQUE NORMALE
VLAN!
FAILLE OBLIQUE INVERSE
PLUS TARD
ENFIN ! LE VOILÀ !
PENDANT QUE TU DORMAIS ON A MIS AU POINT LA SUITE DE L'EXPÉDITION !
MOI ?? MAIS, JE RÉFLÉCHISSAIS !
AU LIEU DE CHERCHER SUR LES CIMES, ON VA ALLER VOIR AU FOND DES OCÉANS COMMENT SE COMPORTE LA CROÛTE TERRESTRE.

VOILÀ CE QU'IL NOUS FAUT, LA MER EST TRÈS PROFONDE À CET ENDROIT.
PREMIÈRE ÉTAPE, ON PLACE DES REPÈRES ICI.
HEUREUSEMENT QUE CE N'EST PAS UNE BALISE EN CARTON !
C'EST BON!
AVEC UNE PATIENCE DE YALLIEN, T-J ET P-A GUETTENT LES BALISES.
INCROYABLE! ELLES SE DIRIGENT TOUTES VERS LA FOSSE...
À LA VITESSE DE 0,15 MICROMÈTRE À LA MINUTE.
b1 b2
b3 b4
CELA FAIT EN MOYENNE 8 cm PAR AN ET 8 m EN 100 ANS.
MAZETTE! 160 km EN 2 MILLIONS D'ANNÉES.
GRAT GRAT
L'ENSEMBLE DU PLANCHER OCÉANIQUE SE DIRIGE VERS L'ARCHIPEL VOLCANIQUE!
JUSQU'OÙ CE GIGANTESQUE "TAPIS ROULANT" ROCHEUX PEUT-IL DESCENDRE ?
INSOUCIANTS, LES YALLIENS S'ENFONCENT DANS L'ABÎME OBSCUR...
LA FOSSE, ON Y FONCE À FOND!
À TOUT MOMENT LA PRESSION PHÉNOMÉNALE DE L'EAU RISQUE DE DISLOQUER Y-02.
DANS LA FOSSE NOUS PERCERONS CE MYSTÈRE.
ALLONS-Y!

* BACTÉRIES : PROCARYOTES AÉROBIES APPARUES VERS -2 MILLIARDS D'ANNÉES.

* LAVE POREUSE

T-J! ÇA VA??
EUUH! OUI... ET TOI??
RIEN DE CASSÉ! MAIS QUE S'EST-IL PASSÉ?
CHUT!!! VOUS ALLEZ RÉVEILLER NOTRE VOLCAN!
BAOUM
!?
SI JE REMUE LA QUEUE, C'EST SEULEMENT PARCE QUE LA TERRE TREMBLE ÉNORMÉMENT...
?!
...?? OH, LÀ!!! REGARDE LA MER...
SOUS L'EFFET DU SÉISME, LA MER S'EST RETIRÉE TOUT À COUP DE PLUSIEURS KILOMÈTRES.
VITE, FILONS! LA NAVETTE N'A PAS ÉTÉ TOUCHÉE!
PAS DE PRÉCIPITATION! LES PAROIS DU VOLCAN SE SONT FISSURÉES!
AÏE!! JE DÉFAILLE, MA PATTE A CHU DANS UNE FAILLE!
MAIS NON, C'EST UNE FISSURE!

* 400 À 1000 km/h

* MOT JAPONAIS: "VAGUE D'ORAGE."

LE DÉFERLEMENT DE LA VAGUE GIGANTESQUE* PROVOQUÉE PAR LE RAZ-DE-MARÉE BALAYE Y-02.
CRASSSHHA
* POUVANT ATTEINDRE LA HAUTEUR D'UN IMMEUBLE DE 25 ÉTAGES.
IL NE MANQUAIT PLUS QUE ÇA!
Y-02 À LA BASE... Y-02 À LA BASE... RÉPONDEZ...
CLIC
RIEN À FAIRE! LA LIAISON EST COUPÉE. POURVU QUE LA BALISE AUTOMATIQUE DE DÉTRESSE FONCTIONNE!?...
QUELLE RÉGION! CE SONT DONC LES MOUVEMENTS DE LA CROÛTE TERRESTRE QUI CAUSENT TOUS CES BOULEVERSEMENTS!
¡¿
COMME ELLE DIT, C'EST LE GRAND JEU!
CHAPEAU, LE P'TIT COIN TRANQUILLE! BRAVO, LE CLUB DE VACANCES.
PLUS HAUT, DANS L'ARCHE DU COSMOS...
TIIIT TIIIT TIIIT TIIIT TIIIT
ALERTE!! P-A ET T-J SONT EN PÉRIL!

* VOIR VOLUME 1

DANS A-D-C, APRÈS UN CHALEUREUX ACCUEIL.
VOUS AVEZ EU DE LA CHANCE!
AH BON! TU TROUVES?
EH BIEN... VENEZ VOIR UN FILM RÉALISÉ AVEC L'ASTROSCOPE...
CHOUETTE! ON VA VOIR UN DESSIN ANIMÉ...
ENTRE LA FRÊLE ÉCORCE ET LE NOYAU, LA TERRE EST CONSTITUÉE À PLUS DE 80% PAR LE MANTEAU; ICI EN ROUGE ET EN ORANGE.
croûte
manteau supérieur
manteau inférieur
noyau
EN PROFONDEUR LE MANTEAU DEVIENT ÉLASTIQUE.
ET TOC! C'EST ENCORE LE COUP DU SUCRE CHAUD QUI DEVIENT CARAMEL.
MAIS, TOUTES LES RÉGIONS DU MANTEAU NE SONT PAS D'ÉGALE TEMPÉRATURE...
TELLES LES MASSES D'AIR DU CIEL, PARDI! DIS ??
ET CELA PROVOQUE DES DÉFORMATIONS ET DES MOUVEMENTS INTERNES QUI ÉBRANLENT LA SURFACE COMME L'ONT CONSTATÉ T-J ET P-A!
ET NOUS! ON N'A PEUT-ÊTRE RIEN REMARQUÉ!?
DANS LA PARTIE ÉLASTIQUE DU MANTEAU SUPÉRIEUR* LES MASSES LES PLUS CHAUDES, EN ROUGE SUR L'ÉCRAN, ATTEIGNENT 1400°C ALORS QUE LES MOINS CHAUDES, EN BLEU, DESCENDENT JUSQU'À 800°C...
+
±
−
+

DANS LE MANTEAU INFÉRIEUR,* PLUS RIGIDE À CAUSE DE LA PRESSION, LES TEMPÉRATURES VARIENT ENTRE 1500 ET 2500°C.
"DANS LES DEUX CAS, LES MASSES LES MOINS CHAUDES, DONC PLUS LOURDES, S'ENFONCENT ET COMPRIMENT LES PLUS CHAUDES QUI REMONTENT."
FICHTRE! C'EST LE MOUVEMENT PERPÉTUEL...
* APPELÉ AUSSI MÉSOSPHÈRE.
LUMIÈRE, S'IL VOUS PLAÎT.
CLIC!
MERCI! ET BRAVO AUX BAKOUS POUR LEUR PRESTATION!
VOUS COMPRENEZ MAINTENANT QUE CES LENTS MAIS GIGANTESQUES MOUVEMENTS DE CONVECTION SONT RESSENTIS SUR LA SURFACE DE CETTE PLANÈTE.
C'EST COMME LE COUVERCLE DE LA MARMITE QUAND BOUT L'EAU.
PEUT-ON VOIR LA SUITE DU PROGRAMME POUR CONNAÎTRE LA RAISON DE NOS MÉSAVENTURES?
D'ACCORD! MAIS REGARDONS D'ABORD CE TABLEAU. L'ENVELOPPE RIGIDE DE LA TERRE: C'EST LA LITHOSPHÈRE, ENTRE LES DEUX TRAITS ROUGES.
COMPRIS! ET ENTRE LES DEUX TRAITS BLEUS, C'EST LE MANTEAU SUPÉRIEUR, ET AU-DESSUS: LA CROÛTE.
EXACT!
MER
CROÛTE
MANTEAU SUPÉRIEUR
MANTEAU INFÉRIEUR

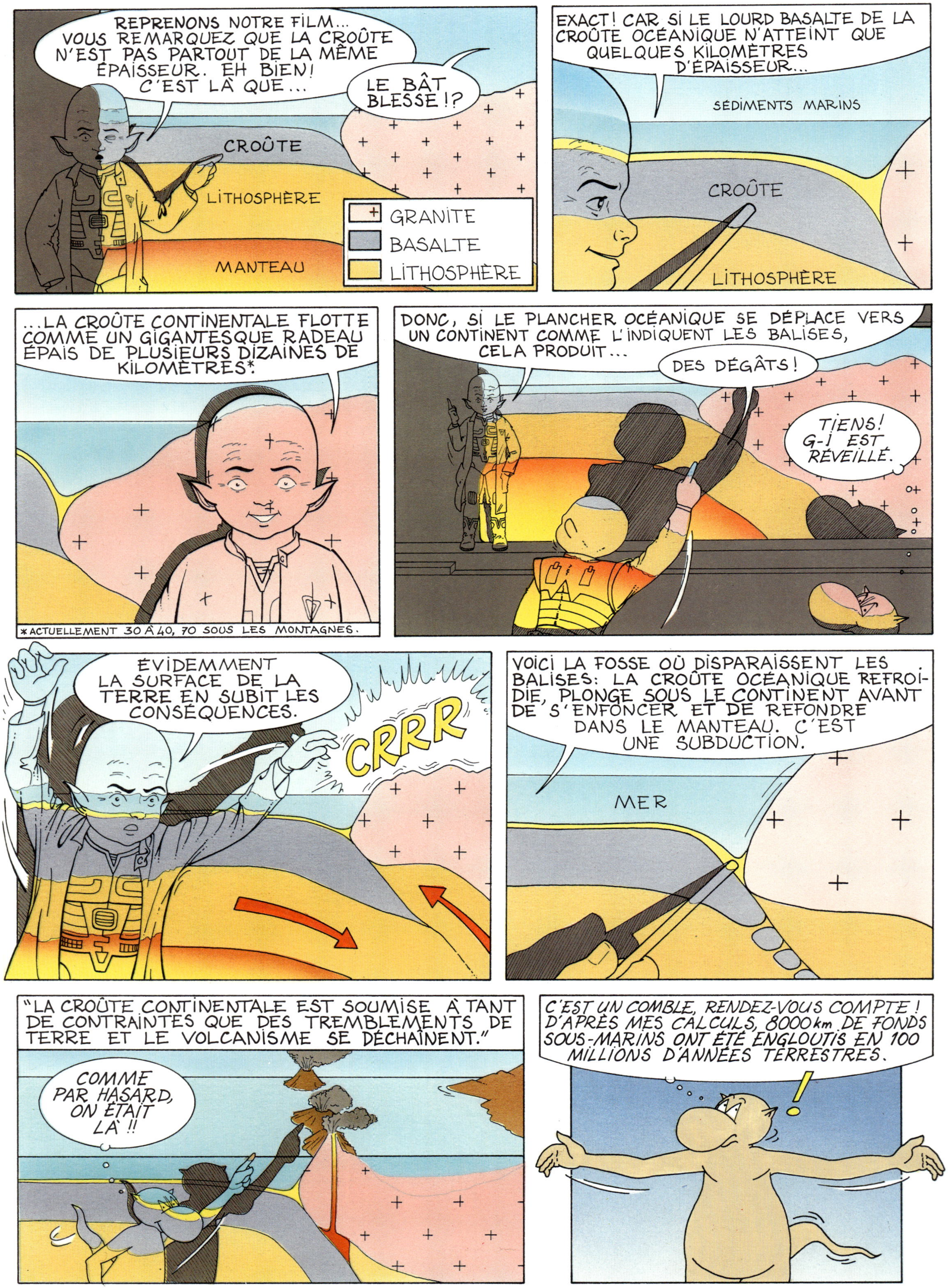

REPRENONS NOTRE FILM... VOUS REMARQUEZ QUE LA CROÛTE N'EST PAS PARTOUT DE LA MÊME ÉPAISSEUR. EH BIEN! C'EST LÀ QUE...
LE BÂT BLESSE !?
CROÛTE
LITHOSPHÈRE
MANTEAU
GRANITE
BASALTE
LITHOSPHÈRE
EXACT! CAR SI LE LOURD BASALTE DE LA CROÛTE OCÉANIQUE N'ATTEINT QUE QUELQUES KILOMÈTRES D'ÉPAISSEUR...
SÉDIMENTS MARINS
CROÛTE
LITHOSPHÈRE
...LA CROÛTE CONTINENTALE FLOTTE COMME UN GIGANTESQUE RADEAU ÉPAIS DE PLUSIEURS DIZAINES DE KILOMÈTRES*.
*ACTUELLEMENT 30 À 40, 70 SOUS LES MONTAGNES.
DONC, SI LE PLANCHER OCÉANIQUE SE DÉPLACE VERS UN CONTINENT COMME L'INDIQUENT LES BALISES, CELA PRODUIT...
DES DÉGÂTS !
TIENS! G-1 EST RÉVEILLÉ.
ÉVIDEMMENT LA SURFACE DE LA TERRE EN SUBIT LES CONSÉQUENCES.
CRRR
VOICI LA FOSSE OÙ DISPARAISSENT LES BALISES: LA CROÛTE OCÉANIQUE REFROIDIE, PLONGE SOUS LE CONTINENT AVANT DE S'ENFONCER ET DE REFONDRE DANS LE MANTEAU. C'EST UNE SUBDUCTION.
MER
"LA CROÛTE CONTINENTALE EST SOUMISE À TANT DE CONTRAINTES QUE DES TREMBLEMENTS DE TERRE ET LE VOLCANISME SE DÉCHAÎNENT."
COMME PAR HASARD, ON ÉTAIT LÀ !!
C'EST UN COMBLE, RENDEZ-VOUS COMPTE ! D'APRÈS MES CALCULS, 8000 km DE FONDS SOUS-MARINS ONT ÉTÉ ENGLOUTIS EN 100 MILLIONS D'ANNÉES TERRESTRES.
!

TU NE VAS PAS ME FAIRE CROIRE QUE LA CROÛTE TERRESTRE S'ENROULE SUR ELLE-MÊME ?...
MAIS NON!...
... IMPOSSIBLE! SINON SON DIAMÈTRE VA CONSTAMMENT DIMINUER.
EURÉKA!
PAF
J'AI COMPRIS! C'EST QUE ÇA CÈDE ET S'OUVRE AILLEURS.
ÇA C'EST SÛR!
ASSURÉMENT! LA CLÉ DU MYSTÈRE SE TROUVE À 4000 km DE LA FOSSE. LA CROÛTE CÈDE, LE MAGMA REMONTE ET SE RÉPAND ENTRE LES PLAQUES DÉJÀ SOLIDIFIÉES DU FOND OCÉANIQUE.
DORSALE OCÉANIQUE
TU VEUX DIRE QUE PETIT À PETIT LA MATIÈRE NOUVELLE SE DURCIT ET COMMENCE SON LONG VOYAGE VERS LES FOSSES OÙ ELLE PLONGERA DANS LE MAGMA.
EH OUI! CE N'EST PAS PLUS COMPLIQUÉ QUE ÇA!

SI ON POMPAIT LES OCÉANS, ON VERRAIT QUE LA CROÛTE EST FAITE DE PLAQUES QUI S'IMBRIQUENT COMME CELLES D'UN PUZZLE.
PAS BEAU, SANS EAU!
DORSALES
FOSSES
CHAQUE PLAQUE OCÉANIQUE S'ACCROÎT D'UN CÔTÉ ET S'ENFONCE DE L'AUTRE.
SI L'ON S'ÉTABLIT SUR TERRE, IL FAUDRA ÉVITER CES BORDURES INSTABLES.
LA MATIÈRE NOUVELLE QUI FORME LE PLANCHER DES OCÉANS EST PLUS LOURDE, C'EST POURQUOI ELLE S'ENFONCE SOUS LES CONTINENTS.
COMPRIS ??
LE PLUS LOURD SOUS LE PLUS LÉGER.
CLIC!
L'arche COSMOS
LOGIQUE! ON AVAIT REMARQUÉ DURANT L'ARCHÉEN* QUE LES ÉLÉMENTS LES PLUS LÉGERS QUI CONSTITUENT LES CONTINENTS ÉTAIENT REMONTÉS EN SURFACE.
COMME LA PEAU DU LAIT QUI BOUT!
* VOIR VOLUME 1: "L'ARCHE DU COSMOS."
ET HOP!
C'EST MALIN!
CES MOUVEMENTS INCESSANTS DE LA CROÛTE TERRESTRE SONT APPELÉS TECTONIQUE* DES PLAQUES.
TEK TONIK DÉPLAK?
* DU GREC tektonikos: RELATIF À LA CHARPENTE.

T-J ET P-A VONT REPARTIR POUR EXPLORER LES ZONES OÙ LES PLAQUES SE SÉPARENT.
ET NOUS!? QUAND PARTIRONS-NOUS EN VOYAGE?
EH BIEN!...EN MÊME TEMPS, NOUS, NOUS ALLONS FAIRE UNE EXCURSION AUTOUR DU SOLEIL... D'ACCORD?...
HOURRA!
SUPERBE!
HOURRA!
FLASH
ON PREND LES MÊMES ET ON RE-COMMENCE!
IL Y A 1,7 MILLIARD D'ANNÉES, P-A ET T-J VOIENT DISPARAÎTRE, DEPUIS LEUR NAVETTE, L'ARCHE DU COSMOS EN DIRECTION DU SOLEIL...
À CHACUN SON ASTRE! EUX, C'EST UNE ÉTOILE, ET NOUS UNE PLANÈTE.
ALORS QUE Y-02 SURVOLE SUDBURY AU CANADA...
LÀ-BAS! UNE MÉTÉORITE! BRANCHE LA VIDÉO...
QUELLE CHUTE! 15 km/SECONDE!
LE LOURD PROJECTILE* PÉNÈTRE LA CROÛTE DE 8 km EN PROVOQUANT UN CRATÈRE DE 100 km DE DIAMÈTRE.
BAOUM
* D'UN DIAMÈTRE ÉVALUÉ À 3 OU 4 km.
SOUS L'IMPACT COLOSSAL,* LA ROCHE SE VITRIFIE ET LA CROÛTE SE DISLOQUE.
VIDÉO ZOOM
MAZETTE! QUEL TROU!...
* ± 200 000 FOIS LA BOMBE D'HIROSHIMA!

EMPRUNTANT LES FRACTURES DE LA CROÛTE FRAGILISÉE, LE MAGMA MONTE SOUS FORME DE POCHES VERS LA SURFACE...
EN SE MÉLANGEANT AUX ROCHES SUPERFICIELLES ET EN REFROIDISSANT, LE MAGMA SE SÉPARE DE CERTAINS DE SES COMPOSANTS.
NICKEL
PLATINE
CUIVRE
COBALT
MAGMA
APRÈS LE TROU: LE TRI.
VOILÀ OÙ SONT LES MÉTAUX POUR L'AVENIR!
COMME AU FOND DE LA MER, UNE SÉDIMENTATION SE PRODUIT DANS LES CHAMBRES MAGMATIQUES.
DONC, LE PLATINE ET LE NICKEL SE DÉPOSENT EN COUCHES.
SE COUCHER DANS UNE CHAMBRE... NORMAL!
SOULEVÉES PAR LA MÉTÉORITE, D'INNOMBRABLES ET MINUSCULES PARTICULES DE ROCHE EN SUSPENSION DANS L'ATMOSPHÈRE MASQUENT LE SOLEIL.
CELA PEUT DURER LONGTEMPS, ON REVIENDRA QUAND ON Y VERRA PLUS CLAIR!
PLUS LOIN...
VOILÀ CE QU'ON ÉTAIT VENU CHERCHER...
"...UN CONTINENT PRÊT À SE ROMPRE!"
CRÉNOM! LA CROÛTE CRAQUE ET CROULE!
CRAAC

AVEC L'ASTROSCOPE, ON VA VOIR LES DÉGÂTS EN PROFONDEUR.
MERCI BAKOU !
CLIC
OH LÀ LÀ ! LA CROÛTE CÈDE. REGARDEZ CES FENTES.
PARDI, CE SONT DES FAILLES !
RESTONS DANS LE SECTEUR LE TEMPS QU'IL FAUDRA, LE SPECTACLE EST GARANTI...
TU PARLES !! ON EN A VU D'AUTRES.
PENDANT CE TEMPS-LÀ, NOS ŒUFS SE BALADENT À 150 MILLIONS DE km D'ICI !
J'EN SUIS MALADE !!
APRÈS S'ÊTRE ÉTIRÉE DURANT DES MILLIONS D'ANNÉES, LA CROÛTE CONTINENTALE AMINCIE CÈDE.
DANS LA ZONE FAILLÉE ET EFFONDRÉE, LE MAGMA SURGIT : LES VOLCANS GRONDENT !
SÉDIMENTS

QUELQUES SIÈCLES PLUS TARD, ALLUVIONS ET MATÉRIAUX VOLCANIQUES S'ACCUMULENT DANS LE RIFT* EN FORMATION.
QUE LA FOSSE FASSE FLEUVE, QUI L'EÛT CRU?
* DE L'ANGLAIS: FISSURE, CREVASSE.

LENTEMENT, MAIS INEXORABLEMENT, LES DEUX BORDS DU FOSSÉ, LONGS DE PLUSIEURS MILLIERS DE KILOMÈTRES, S'ÉLOIGNENT L'UN DE L'AUTRE...
ÇA Y EST, LA MER L'ENVAHIT.

100 000 ANS PLUS TARD...
LES BLOCS CONTINENTAUX SONT MAINTENANT DISTANTS DE 8 km ET CE N'EST PAS FINI...

1 MILLION D'ANNÉES PLUS TARD...
JE COMMENCE À AVOIR DES FOURBIS DANS LES PATTES!
TIGUIDIC TIGUIDIC TIGUIDIC
4 MILLIONS D'ANNÉES PLUS TARD...
FICHTRE! DIRE QUE LE VAISSEAU EST PARTI AVEC NOS ŒUFS EN TRÈS GRANDES VACANCES.
7 MILLIONS D'ANNÉES PLUS TARD...
JE SUIS À BOUT!! JE VEUX MA NICHE D'HIBERNATION! JE VEUX MA PETITE NICHE!
10 MILLIONS D'ANNÉES PLUS TARD...
AAAGGGH! AAAAAADIEU! ON N'EN PEUT PLUS... LES HÉROS SONT FATIGUÉS!
...UNE MER LARGE DE 800 km OCCUPE L'ANCIEN RIFT CONTINENTAL*.
QUAND JE PENSE QUE TOUTE LA MATIÈRE DE CE FOND OCÉANIQUE A ÉTÉ PRODUITE SOUS NOS YEUX EN 10 MILLIONS D'ANNÉES SEULEMENT!
SEULEMENT!! FAÇON DE PARLER! AGGGH!...
* SON EXTENSION EST LOIN D'ÊTRE TERMINÉE...
LES PAUVRES BAKOUS, ILS ONT L'AIR COMPLÈTEMENT DÉPRIMÉ! ILS N'ONT PAS DÛ ENTENDRE LE MESSAGE!...
LE MESSAGE! MAIS ÇA JE M'EN FICHE!!!
L'ARCHE DU COSMOS REVIENT! ON VA POUVOIR RENTRER À LA BASE.
YOUPI!!!
YOUPI!!!
CLAP!
MAIS PAS AVANT D'AVOIR VISITÉ LE FOND DE CET OCÉAN...
GULPS!
PLUMP
NAVETTE Y-02 À A-D-C... TOUT VA BIEN!... EXPLORONS L'OCÉAN, PUIS NOUS RENTRONS...
À VOUS!
ICI A-D-C... VOYAGE ORGANISÉ TERMINÉ... NOUS REPRENONS NOTRE POSITION EN ORBITRE... À BIENTÔT!...

J'AI L'INTUITION QU'ON VA PATAUGER DANS CE MONDE GLAUQUE PENDANT UN SACRÉ MOMENT !...
ZEST !! IL FAUT TROUVER UN MOYEN POUR PRÉCIPITER LE RETOUR...
UN SPECTACLE GRANDIOSE (MÊME S'IL N'EST PAS APPRÉCIÉ PAR TOUS) ET SINISTRE ATTEND LES PASSAGERS DE LA NAVETTE...
À ÉGALE DISTANCE DES CONTINENTS, UNE GIGANTESQUE ZONE DE FRACTURES SILLONNE LE FOND: LE RIFT EST DEVENU UNE RIDE MÉDIO-OCÉANIQUE.
FANTASTIQUE ! IL Y A PLEIN DE CHOSES À VOIR...
JAMAIS BLASÉS CES YALLIENS !
TIENS, TIENS ! DE LA FUMÉE !
C'EST DE LA POUSSIÈRE MÉTALLIQUE !
QUELS FLOTS FLOUS !

ÇA SORT DE CES CHEMINÉES*.
ALLONS VOIR, IL Y EN A UNE DE TOMBÉE.
* LES PLUS HAUTES FONT 2 MÈTRES.
À L'AIDE DU PÉTROSCOPE, T-J ET P-A DÉTERMINENT LA COMPOSITION DE LA CHEMINÉE BRISÉE.
GYPSE, PYRITE, ZINC
SULFURE DE CUIVRE
HÉ! LE BAKOU! AU LIEU DE RÊVER, VA DONC NOUS CHERCHER DES ÉCHANTILLONS! CELA TE CHANGERA LES IDÉES!
ESCLAVAGISTE!
ZZZ
RIRA BIEN, QUI RIRA LE DERNIER!
SOUDAIN!...
ARRGH!!!

OH NON! LE BAKOU...
VITE!
MINCE! IL NE BOUGE PLUS! DIRE QUE C'EST DE MA FAUTE.
ÇA Y EST!!! IL EST TOMBÉ DANS LE PANNEAU.
OUF! SON CŒUR BAT! MAIS QUELLE IDÉE DE L'AVOIR ENVOYÉ SEUL??
JE NE POUVAIS PAS SAVOIR!
ALORS! ON RENTRE?
IL FAUT ABSOLUMENT QUE JE RETOURNE LÀ-BAS POUR DÉCOUVRIR LA CAUSE DE CET ACCIDENT...
C'EST PAS VRAI!! JE RÊVE!
L'EAU EXPULSÉE DES CHEMINÉES ATTEINT 350°C. PAUVRE BAKOU!
POURTANT CE N'EST VRAIMENT CHAUD QUE PRÈS DE L'ORIFICE ET LE BAKOU N'A PAS DE BRÛLURE?!
ALORS??
C'EST À N'Y RIEN COMPRENDRE! JE N'AI RIEN RESSENTI. IL FAUDRA ANALYSER AU PLUS TÔT L'EAU ET LA BOUE.
REMONTONS TOUT DE SUITE VERS A-D-C SOIGNER NOTRE PETIT MALADE!
GAGNÉ!
CLIC

IL Y A 1,45 MILLIARD D'ANNÉES...
Y-02 À LA BASE... PRÉPAREZ LA SALLE DE SOINS INTENSIFS... UN DES BAKOUS EST FRAPPÉ D'UN MAL MYSTÉRIEUX...
DANS LA SALLE DE RÉANIMATION BIEN CONNUE DES BAKOUS*!...
SALUT!
MIRACLE!?...
MU
SA
* VOIR VOLUME N°1.
... PAS SI VITE, MON PETIT BAKOU! TU RESTES ICI EN ATTENDANT LE DIAGNOSTIC!...
?
LES ÉCHANTILLONS PRÉLEVÉS PAR P-A SONT RAPIDEMENT ANALYSÉS PAR LES DEUX SPÉCIALISTES B-R ET G-M.
POUR CE QUI EST DES COMPOSANTS MÉTALLIFÈRES...
... IL N'YA PAS DE QUOI FOUETTER UN BAKOU!
analyses: sgn-géo
analystes: b-r, g-m
SULFURE DE FER %: 51,03
SULFURE DE CUIVRE : 24,98
SULFURE DE ZINC : 18,01
SULFURE DE PLOMB : 5,48
DIVERS (Mn, Co, Cd, Au) : 0,51
100,01
PAR CONTRE, DANS L'EAU, DE NOUVEAUX ORGANISMES SONT APPARUS, REGARDEZ CES CELLULES!...
OH! LÀ LÀ!!! TOUT SE COMPLIQUE, CE NE SONT NI DES BACTÉRIES, NI DES ALGUES BLEUES!
EURÊKA! DES EUCARYOTES*: DES CELLULES AVEC UN NOYAU, COMME LES NÔTRES!
DES COUSINS, EN SOMME!
* DU GREC: VRAI NOYAU.

CES CELLULES N'ONT PU SE FORMER QUE DEPUIS L'ENRICHISSEMENT DE L'ATMOSPHÈRE EN OXYGÈNE, INDISPENSABLE À LEUR MÉTABOLISME.
DONC OCCISES SANS OXYGÈNE!
SI, POUR LE MOMENT, CES NOUVEAUX ÊTRES VIVANTS NE COMPORTENT QU'UNE SEULE DE CES CELLULES, RIEN N'EMPÊCHE D'IMAGINER UNE ÉVOLUTION COMME SUR LA PLANÈTE YALL.
ILS NE SONT PAS PRÈS D'AVOIR DES MILLIARDS DE CELLULES COMME VOUS ET MOI.
PROTÉGÉS PAR UNE MEMBRANE, LES DIFFÉRENTS ÉLÉMENTS DE LA CELLULE ASSURENT CHACUN UNE FONCTION PERMETTANT À L'ENSEMBLE DE VIVRE ET DE S'ADAPTER À LEUR ENVIRONNEMENT...
EUCARYOTE
FLAGELLE (MOTEUR)
ADN
MITOCHONDRIE (RÉSERVE)
MEMBRANE (MUR D'ENCEINTE)
NOYAU (DIRECTEUR)
CHLOROPLASTE (BATTERIE)
CE SONT PEUT-ÊTRE CES NOUVEAUX MICROBES QUI ONT INFECTÉ LE BAKOU GRIS?
VITE! EN QUARANTAINE AVANT QUE TU NE CONTAMINES TOUT LE VAISSEAU...
AÏE! TEL EST PRIS QUI CROYAIT PRENDRE!
MU
SA
NE T'INQUIÈTE PAS, 40 MILLIONS D'ANNÉES, CELA PASSE VITE!
QUE??... QUOI?!... QU'OUÏS-JE?
?
LAISSONS-LE SE REPOSER, IL EST TEMPS D'ÉTUDIER LES INDICES MÉTALLIQUES DES ÉCHANTILLONS.
CLIC
SNIF!

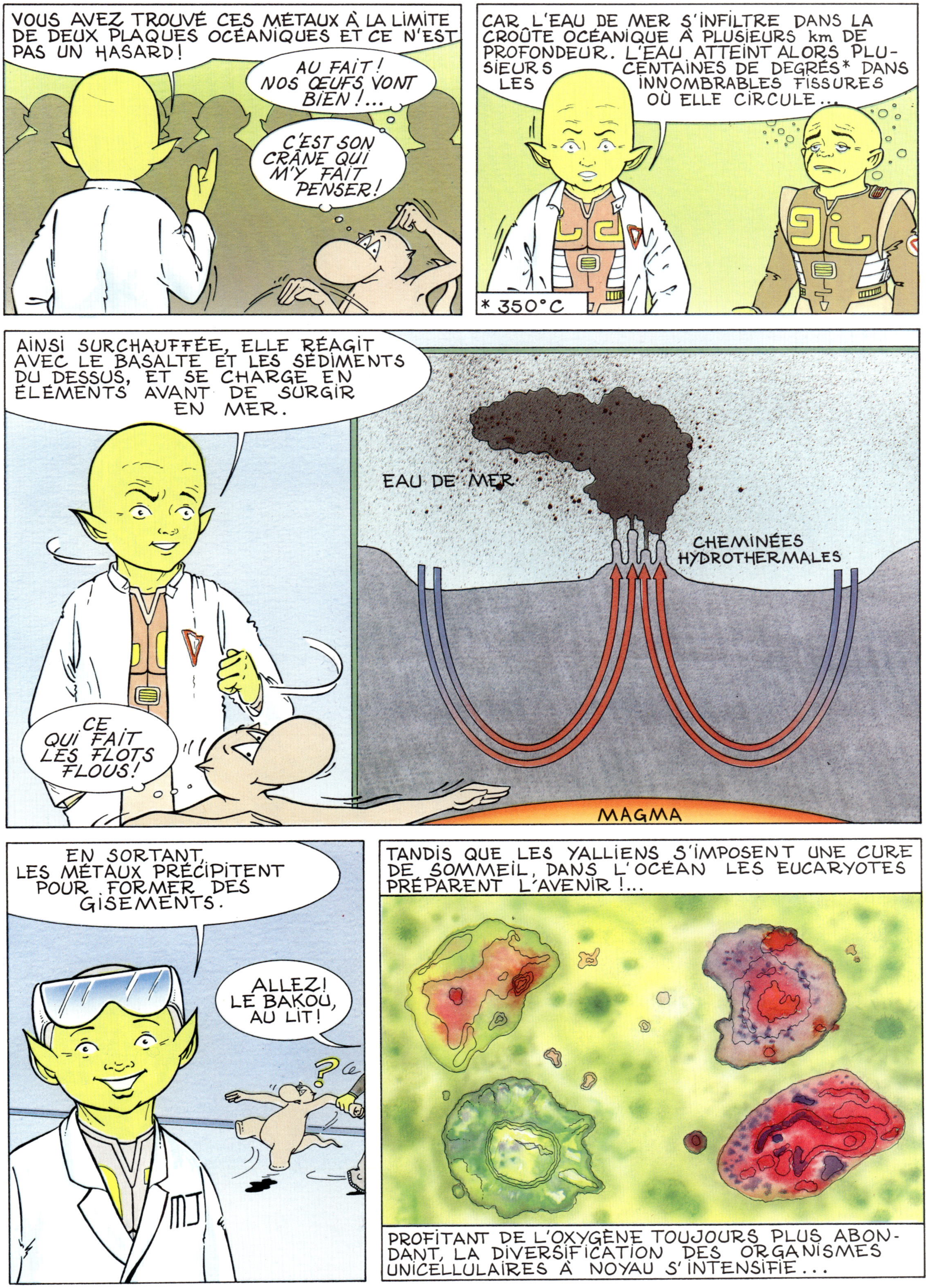
VOUS AVEZ TROUVÉ CES MÉTAUX À LA LIMITE DE DEUX PLAQUES OCÉANIQUES ET CE N'EST PAS UN HASARD !
AU FAIT ! NOS ŒUFS VONT BIEN !...
C'EST SON CRÂNE QUI M'Y FAIT PENSER !
CAR L'EAU DE MER S'INFILTRE DANS LA CROÛTE OCÉANIQUE À PLUSIEURS km DE PROFONDEUR. L'EAU ATTEINT ALORS PLUSIEURS CENTAINES DE DEGRÉS* DANS LES INNOMBRABLES FISSURES OÙ ELLE CIRCULE...
* 350°C
AINSI SURCHAUFFÉE, ELLE RÉAGIT AVEC LE BASALTE ET LES SÉDIMENTS DU DESSUS, ET SE CHARGE EN ÉLÉMENTS AVANT DE SURGIR EN MER.
EAU DE MER
CHEMINÉES HYDROTHERMALES
MAGMA
CE QUI FAIT LES FLOTS FLOUS !
EN SORTANT, LES MÉTAUX PRÉCIPITENT POUR FORMER DES GISEMENTS.
ALLEZ ! LE BAKOU, AU LIT !
?
TANDIS QUE LES YALLIENS S'IMPOSENT UNE CURE DE SOMMEIL, DANS L'OCÉAN LES EUCARYOTES PRÉPARENT L'AVENIR !...
PROFITANT DE L'OXYGÈNE TOUJOURS PLUS ABONDANT, LA DIVERSIFICATION DES ORGANISMES UNICELLULAIRES À NOYAU S'INTENSIFIE...

VOICI 1,15 MILLIARD D'ANNÉES, LES YALLIENS COMMENCENT À OBSERVER PATIEMMENT DEUX PLAQUES CONVERGENTES: LA COLLISION ENTRE DEUX CONTINENTS EST INÉVITABLE...
LA RENCONTRE SE PRODUIT ENTRE 1 ET 0,95 MILLIARD D'ANNÉES...
À VITESSE RAPIDE, ON VOIT LES DEUX PLAQUES LITHOSPHÉRIQUES SE HEURTER, SE PLISSER, SE FRACTURER ET SE SUPERPOSER.
PLUS LA TERRE VIEILLIT, PLUS ELLE SE RIDE!
DANS LA ZONE OÙ LES CONTRAINTES DE PRESSION ET DE TEMPÉRATURE SONT LES PLUS FORTES, LES ROCHES SE TRANSFORMENT...
...ELLES SONT MÉTAMORPHISÉES.
DE GRÂCE, PAS ÇA!
DEUX ÉQUIPES PARTENT EXPLORER LA RÉGION (GRENVILLE AU CANADA).
PAS DE BLAGUE, G-I! TU NOUS ATTENDS!
BIEN SÛR.
ON AURAIT DÛ ALLER DANS L'AUTRE NAVETTE AVEC T-J ET P-A!
DANS LA MER, L'ÉVOLUTION BIOLOGIQUE A ATTEINT UNE NOUVELLE ÉTAPE: LES EUCARYOTES SONT DEVENUS SEXUÉS. AINSI, CELLULES MÂLES ET CELLULES FEMELLES S'ASSOCIENT POUR ENGENDRER DE NOUVELLES ESPÈCES...
DE MINUSCULES ORGANISMES COMPOSÉS DE PLUSIEURS CELLULES APPARAISSENT!
SUR LE TERRAIN, LES YALLIENS CONTEMPLENT LA NOUVELLE CHAÎNE MONTAGNEUSE...
DIRE QUE LA PREMIÈRE MONTAGNE QU'ON AVAIT EXPLORÉE A DISPARU!!!
EH OUI! "RABOTÉE" PAR LE TEMPS: C'EST L'ÉROSION.

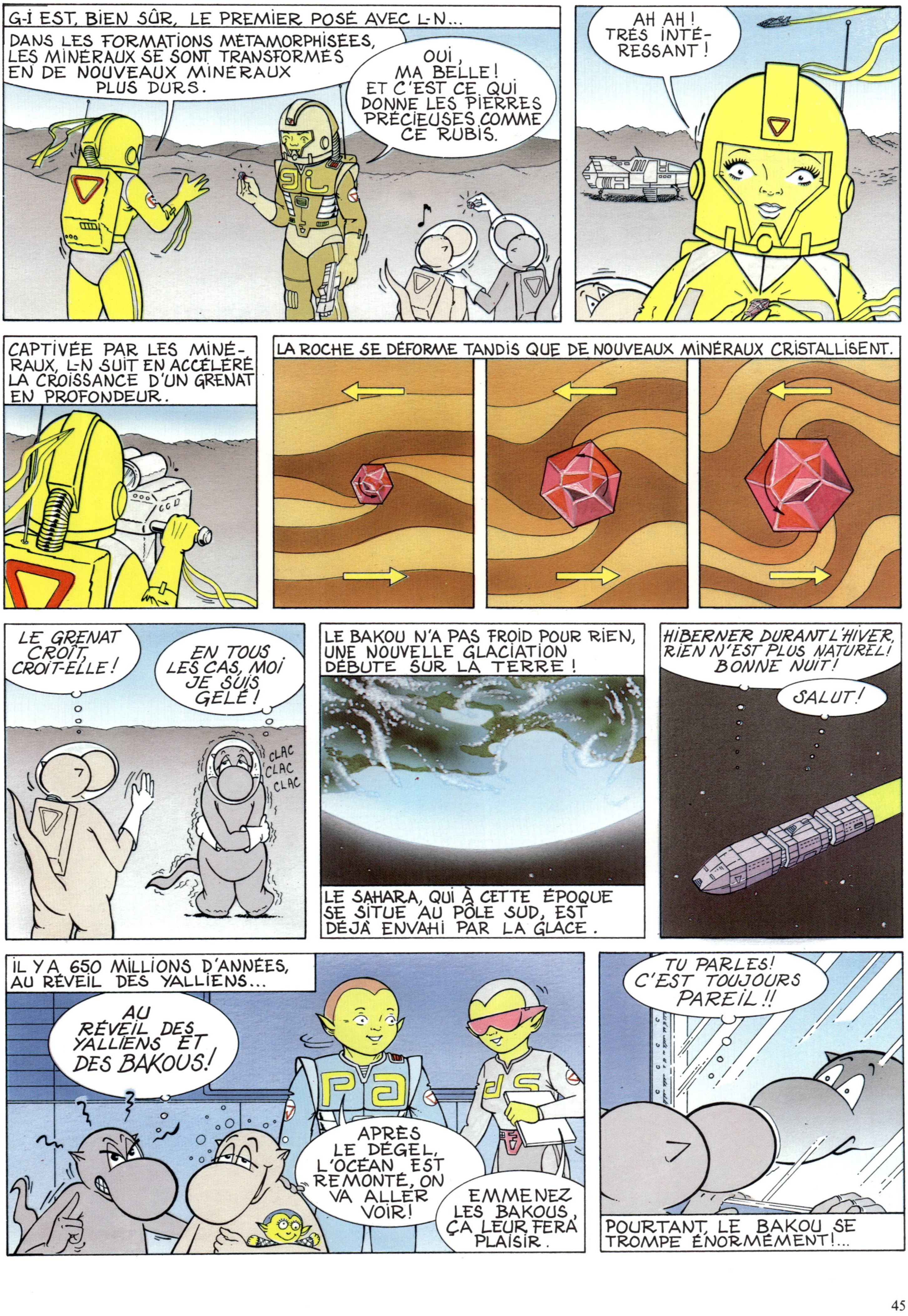
G-I EST, BIEN SÛR, LE PREMIER POSÉ AVEC L-N...
DANS LES FORMATIONS MÉTAMORPHISÉES, LES MINÉRAUX SE SONT TRANSFORMÉS EN DE NOUVEAUX MINÉRAUX PLUS DURS.
OUI, MA BELLE! ET C'EST CE QUI DONNE LES PIERRES PRÉCIEUSES COMME CE RUBIS.
AH AH! TRÈS INTÉRESSANT!
CAPTIVÉE PAR LES MINÉRAUX, L-N SUIT EN ACCÉLÉRÉ LA CROISSANCE D'UN GRENAT EN PROFONDEUR.
LA ROCHE SE DÉFORME TANDIS QUE DE NOUVEAUX MINÉRAUX CRISTALLISENT.
LE GRENAT CROÎT, CROIT-ELLE!
EN TOUS LES CAS, MOI JE SUIS GELÉ!
CLAC CLAC CLAC
LE BAKOU N'A PAS FROID POUR RIEN, UNE NOUVELLE GLACIATION DÉBUTE SUR LA TERRE!
LE SAHARA, QUI À CETTE ÉPOQUE SE SITUE AU PÔLE SUD, EST DÉJÀ ENVAHI PAR LA GLACE.
HIBERNER DURANT L'HIVER, RIEN N'EST PLUS NATUREL! BONNE NUIT!
SALUT!
IL Y A 650 MILLIONS D'ANNÉES, AU RÉVEIL DES YALLIENS...
AU RÉVEIL DES YALLIENS ET DES BAKOUS!
APRÈS LE DÉGEL, L'OCÉAN EST REMONTÉ, ON VA ALLER VOIR!
EMMENEZ LES BAKOUS, ÇA LEUR FERA PLAISIR.
TU PARLES! C'EST TOUJOURS PAREIL!!
POURTANT, LE BAKOU SE TROMPE ÉNORMÉMENT!...

UN DÉCOR MERVEILLEUX ATTEND LES EXPLORATEURS À ÉDIACARA EN AUSTRALIE...
LES EUCARYOTES DEVENUS VÉGÉTAUX ET ANIMAUX PLURICELLULAIRES ONT ENVAHI LES MERS PEU PROFONDES DE TOUTE LA PLANÈTE...
OH! OH! QUE C'EST BEAU! VITE MON SCAPHANDRE!
1
2
3
4
5
1-ALGUES - 2-ANÉMONES - 3-RANGEA (PLUMES DE MER) - 4-PTERIDINIUM - 5-ARBOREA.
MAZETTE! DES SOUCOUPES FLOTTANTES?! FILONS...
?!
AU SECOURS! ELLES ATTAQUENT!

AFFOLÉ PAR DES MÉDUSES, LE BAKOU SE RÉFUGIE DANS LA NAVETTE Y.02...
J'EN SUIS TOUT MÉDUSÉ !
TIENS, TIENS !? DES VERS DE VASE !...
IL Y A ASSEZ D'OXYGÈNE DISSOUS DANS L'EAU POUR PERMETTRE LA RESPIRATION ANIMALE...
...ET SUFFISAMMENT DE SUBSTANCES ORGANIQUES POUR NOURRIR TOUT LE MONDE.
ALLONS VITE PRÉVENIR NOS COMPAGNONS, ILS SERONT TELLEMENT HEUREUX !!
VEINARDS !!! NOUS, ON NE PEUT MÊME PAS EN PARLER À NOS ŒUFS !
SNIF
LE RETOUR DANS L'ARCHE DU COSMOS EST TRIOMPHAL...
YEEEEH !
BRAVO !!
OOOH !
HOURRA !
WHOUAAAH !
DES PLUMES DE MER ! QUE C'EST GENTIL !
BRAVO !!!
L'ATMOSPHÈRE TERRESTRE N'EST PAS ENCORE PROPICE À LA VIE AÉRIENNE; PAR CONTRE, DANS LES MERS, LES ESPÈCES ANIMALES ET VÉGÉTALES PROLIFÈRENT...
CE N'EST PAS TROP TÔT, ÇA FAIT 4 MILLIARDS D'ANNÉES QUE LA TERRE EXISTE.
ÇA NE NOUS RAJEUNIT PAS !

PLUS QUE JAMAIS, LA PLANÈTE BLEUE SEMBLE PROTÉGÉE PAR DES CONDITIONS EXCEPTIONNELLES LUI PERMETTANT UNE ÉVOLUTION RARISSIME...

CETTE ÉTAPE DÉCISIVE SE DISTINGUE VOICI 570 MILLIONS D'ANNÉES PAR LA SURRECTION D'UNE CORDILLÈRE EN UN LIEU* SITUÉ AUJOURD'HUI EN FRANCE.

* BRETAGNE ET NORMANDIE, CHAÎNE CADOMIENNE (DE CADOMUS : CAEN)

MAIS DÉJÀ, LES INFATIGABLES YALLIENS PRÉPARENT AVEC ENTHOUSIASME ET MÉTHODE LEURS FUTURES MISSIONS TERRESTRES...

4 MILLIARDS D'ANNÉES APRÈS SA NAISSANCE, LA TERRE ARRIVE AU TERME DE LA SECONDE PHASE IMPORTANTE DE SON HISTOIRE APPELÉE PROTÉROZOÏQUE (DU GREC "PREMIERS ANIMAUX").

FIN
DE L'ÉPISODE

Les auteurs remercient pour leur aimable participation
les géologues du Bureau de Recherches Géologiques et Minières,
particulièrement :

Chantal BOURDILLON-de GRISSAC

Philippe BOUYSSE

Alain COLLEAU

Serge COURBOULEIX

Serge DEBRAND-PASSARD

Patrick LEDRU

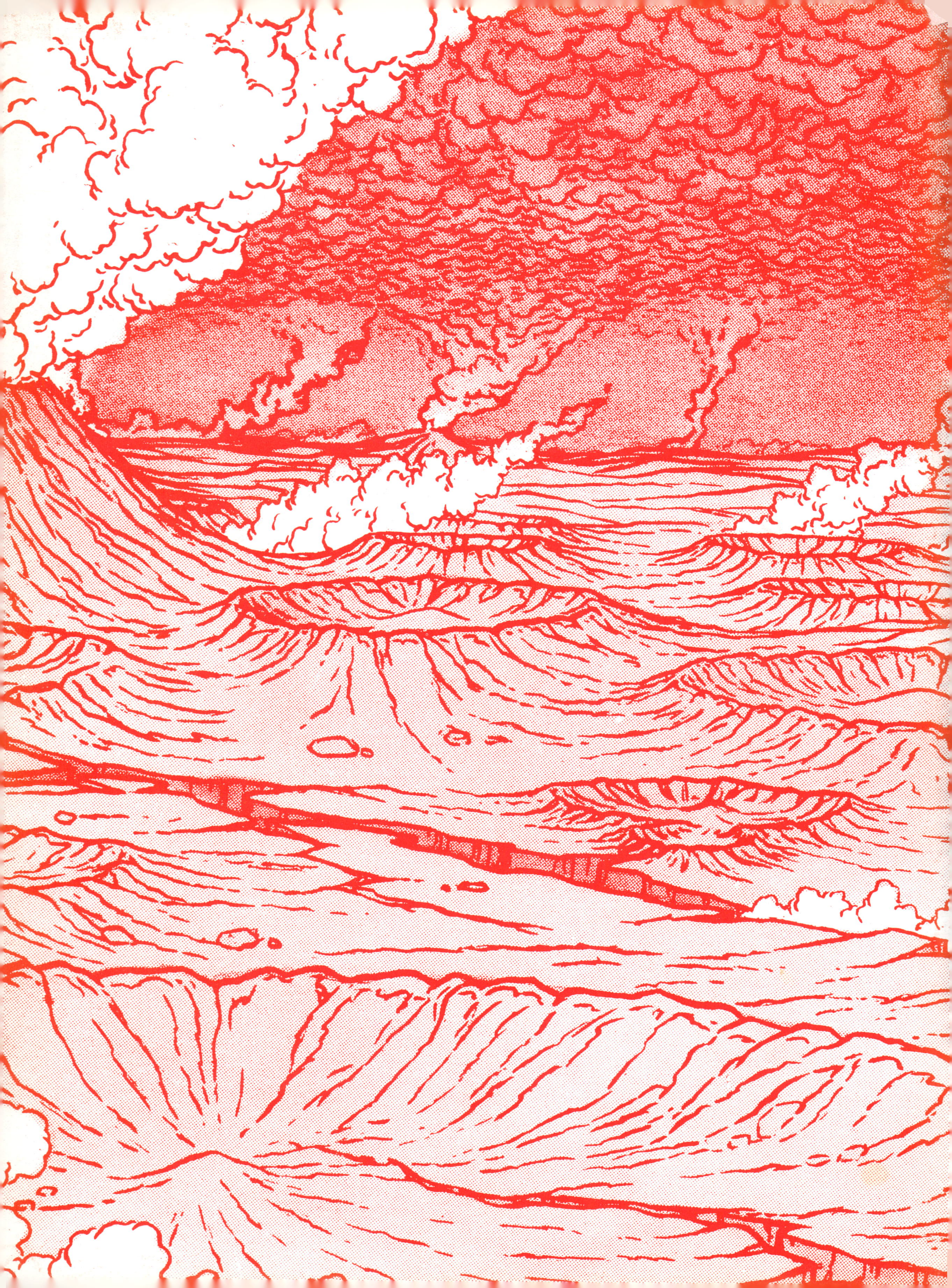